Jörn Barfod

Bernstein

Mit einem Beitrag von Johanna Nolte

Husum

Der Umschlag wurde gestaltet unter Verwendung von Abbildungen aus dem Buch.

Bibliografische Information der Deutschen Nationalbibliothek

Die Deutsche Nationalbibliothek verzeichnet diese Publikation in der Deutschen Nationalbibliografie; detaillierte bibliografische Daten sind im Internet über http://dnb.d-nb.de abrufbar.

3. Auflage 2008

Gesamtherstellung: Husum Druck- und Verlagsgesellschaft,
Postfach 1480, D-25804 Husum – www.verlagsgruppe.de

ISBN 978-3-89876-179-6

Inhaltsverzeichnis

Bernstein – Die Tränen der Heliaden

Wenn ich am Meeresstrand der Nord- und Ostsee ein bräunliches Steinchen finde, das auffallend leicht, auffallend spröde ist und unterschiedliche Farbnuancen zeigt, teilweise fast durchsichtig erscheint, komme ich doch ins Staunen. Suche ich weiter, weil das erste Stück schon so schön und interessant aussieht, merke ich bald, dass solche Steine nicht so leicht zu finden sind. Schon darum erscheinen sie mir als etwas Besonderes. So ähnlich könnte es auch den Menschen vor Jahrtausenden, schon in der Steinzeit, gegangen sein. Anhand schriftlicher Überlieferung können wir dies immerhin etwa 3000 Jahre zurückverfolgen.

Die Vorstellungen von der Entstehung des Bernsteins kann man zurückverfolgen bis zu den ältesten bekannten Bezeichnungen für dieses Material. Schriftsteller der griechischen und römischen Antike überliefern Namen für den Bernstein, die bis ins 8. Jahrhundert v. Chr. oder noch weiter zurückreichen. Auch wenn nicht alle Wortbedeutungen eindeutig sind, ergibt sich doch ein vielfältiges Bild:
Auf Fundarten deuten die Benennungen Meer- oder Seestein, auch Meerharz oder Meerwachs. Auf den (richtigen) Ursprung weisen Worte, die sich auf Baumsäfte beziehen, wie lateinisch „succinum" , ähnlich altägyptisch „sacal", bei den Skyten (womit der römische Naturschriftsteller Plinius im 1. Jahrhundert n. Chr. alle nichtkeltischen Völker Mittel- und Nordeuropas meint) „sacrium"; später das mittelniederdeutsche

Wort „glar". Der optische Eindruck des Glänzenden steckt im „glassum" oder „glaesum" des Germanischen, möglicherweise im „electron" bei den alten Griechen. Auf die bräunliche Färbung könnte das dänische und schwedische „rav" deuten.
Die Brennbarkeit und die Verwendung zum Räuchern bezeichnen in der römischen Antike etwa „sualternicum", „thyem" oder „thyon" wiederum bei Plinius wie noch das vom oberdeutschen Wort „aiten" für brennen abzuleitende „Agtstein", das in der Barockzeit gebräuchlich war.
Die Entstehungslegende für den Bernstein, die in der klassischen antiken Literatur zu finden ist, bezieht sich auf die Herkunft aus Baumharz. Der Sohn des Sonnengottes Helios, Phaeton, hatte seinem Vater abgetrotzt, einmal den Wagen mit der Sonne lenken zu dürfen. Doch besaß er weder die Kenntnis noch die Kraft, mit den wilden Pferden fertig zu werden. Er kam der Erde zu nahe und setzte ganze Weltregionen in Brand. Der Göttervater Zeus schleuderte seinen Blitz nach Phaeton, um der Unglücksfahrt ein Ende zu setzen. Der Sohn des Sonnengottes stürzte in den Fluss Eridanos. Seine Schwestern, die Heliaden, beweinten ihn dort und wurden dabei in Schwarzerlen verwandelt, ihre Tränen in – Bernstein. Überliefert ist diese mythische Entstehungsgeschichte in der Sammlung „Metamorphosen" (Verwandlungen) des römischen Dichters Ovid (43 v. Chr. bis 17 n. Chr.), war aber auch schon bei dem griechischen Dichter Euripides im 5. Jh. v. Chr. bekannt.
In der europäischen Neuzeit dauerte es jedoch noch dreizehn Jahrhunderte, bis sich die Erkenntnis, Bernstein sei aus Baumharz entstanden, wieder durchsetzte. Es galt teils als Bergwachs, teils als Edelstein. Erst 1757 legte der russische Gelehrte Michail W. Lomonossow in einer

Adolf Hering (1863–1932): Samländische Steilküste, Öl/Leinwand, um 1900

Untersuchung vor der St. Petersburger Akademie der Wissenschaft eindeutige Beweise vor. Die Untersuchungen, von welchen Bäumen Bernstein jeweils stammt, dauern bis heute an.

*Ein Bernsteintropfen,
ca. 50 Millionen Jahre alt*

Bernsteinabdruck eines Fächerpalmenblattes, ca. 50 Millionen Jahre alt

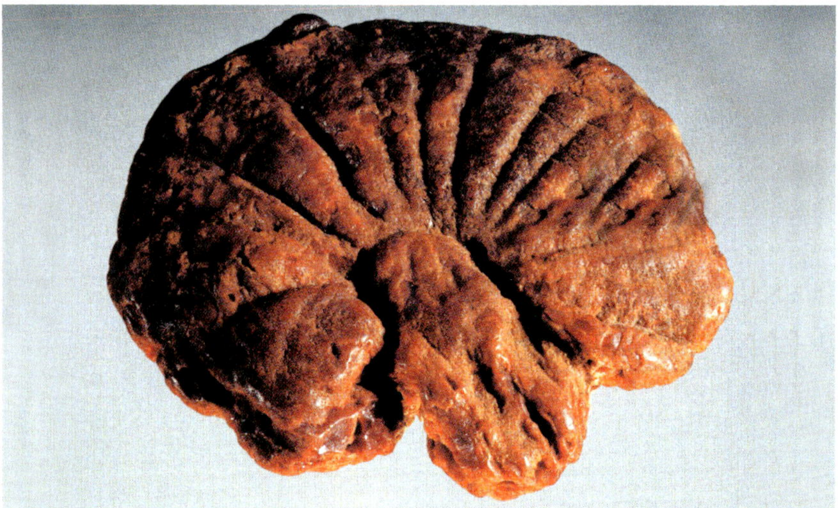

Langbeinfliege in Bernstein (Inkluse), ca. 50 Millionen Jahre alt

Die Entstehung des Bernsteins

Voraussetzung für die Entstehung großer Mengen an Baumharzen war eine entsprechend entwickelte Pflanzenwelt. Zwar lassen sich schon in Steinkohlevorkommen kleine Mengen Bernstein finden, die dann etwa 300 Millionen Jahre alt sind. Doch erst im Erdzeitalter der Kreidezeit (Beginn vor 140 Millionen Jahren) entstehen Laub- und Nadelbaumarten, die größere Harzmengen bilden konnten. Die größten Bernsteinmengen lieferte das Zeitalter des Tertiär (Beginn vor 65 Millionen Jahren), aus dem auch der baltische Bernstein stammt, der z. B. in Nord- und Ostsee gefunden wird.

Für die Hauptsorte des baltischen Bernsteins, Succinit genannt, nahm man seit dem 19. Jahrhundert eine Kiefer als Harzlieferant an. Doch lassen neue Forschungen in Vergleichen mit Harzen heutiger Bäume an Zedernarten denken. Weitere Sorten entstammen Laubbäumen und auch Nadelbäumen. Die Forschungen auch für andere Bernsteinvorkommen der Welt sind noch im Gange.

Der im Bereich des heutigen Skandinavien zwischen Norwegen und Finnland einst sich erstreckende „Bernsteinwald" könnte eine Fläche von gut 40 000 qkm gehabt haben. Der Wald mit einer subtropischen Vegetation, hauptsächlich Nadelbäume, Eichen und Palmen, bestand bis zur Klimaänderung etwa 15 bis 20 Millionen Jahre und könnte nach einer Modellrechnung theoretisch schon in 10 Millionen Jahren etwa 4000 Millionen Tonnen Bernstein „produziert" haben. Das Harz sammelte sich in Baumstämmen oder trat aus dem Baum aus und lag auf der Rinde. Hier blieben Insekten und Pflanzenteile und andere Kleinteile aus dem Biotop des

Geologischer Aufbau der samländischen Steilküste. Die Ostsee hat bernsteinführenden Boden, aus dem bei starker Wasserbewegung der sog. Seebernstein herausgespült und an den Strand geschwemmt wird.

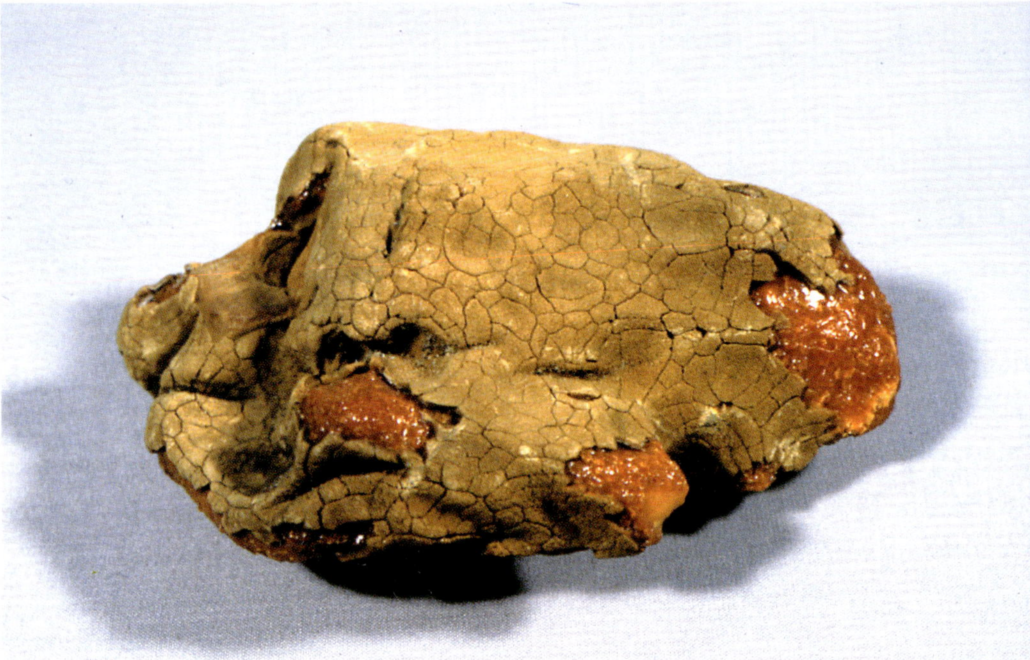

Bernstein mit Sandkruste und Verwitterungsrinde

Bernsteinwaldes kleben, wurden von nachfließendem Harz eingeschlossen und bis heute auf formschonende Weise als „Inklusen" erhalten.
Das Harz wurde unter verschiedenen Wetterbedingungen hart – in Hitze oder Kälte, Regen etc. Auch daher sind unterschiedliche Grade von Trübungen im Bernstein zu finden. Das frische oder hart werdende Harz gelangte auf den Waldboden und wurde mit Regenmassen fortgespült. Teile der Bernsteinwaldfläche gerieten von Westen her in ein sich ausbreitendes Urmeer. Viel Bernsteinmaterial wurde aber durch einen großen Urstrom, von der Geologie nach der oben erwähnten antiken Sage des Phaeton „Eridanos" benannt, südwärts getrieben und in einem großen Deltagebiet am Ufer eines von Süden angrenzenden Urmeeres abgelagert. Aus dieser über mehr als 20 Millionen Jahre angesammelten Ablagerung stammt der heutige baltische Bernstein. Nachfolgende Eiszeiten und ihre Eisschmelzen haben einen Teil des Bernsteins von dort weiter nach Süden, auch Südwest und Südost geschoben. Daher findet man auch weit im Landesinneren Russlands wie Mitteldeutschlands Bernstein in der Erde.
In vielen Regionen der Welt kann man Bernstein finden, doch selten handelt es sich um eine Sorte, die in ihrem Vorkommen nach Konsistenz und Größe der Einzelstücke für eine Bearbeitung zu Gegenständen sich eignet. In dieser Hinsicht bedeutend ist der burmesische Bernstein, der von alters her in China kunstvoll bearbeitet wurde. Recht bekannt wurde in jüngster Zeit der Bernstein aus der Dominikanischen Republik wegen seines Inklusenreichtums. Doch der in Vorkommen und geschichtlich-künstlerischer Bedeutung bemerkenswerteste Bernstein ist ohne Frage der baltische. Dessen Geschichte sei in den folgenden Kapiteln ein wenig näher betrachtet.

Bernstein in geschichtlicher Zeit

In geschichtlicher Zeit tritt der Bernstein besonders im Bereich der (nachmalig) pommersch-preußischen Ostseeküste ins Gesichtsfeld der Überlieferungen. Interessant war für die regionalen Herrscher das seltene und durch den Export wertvolle Material als Monopolware. Die Gewinnung wurde von der Landesherrschaft der strandnah wohnenden Bevölkerung vorgeschrieben, es musste abgeliefert werden und man durfte es im Lande nicht verarbeiten. Dies ist kurz gefasst die Handhabung des Bernsteinmonopols, das der Deutsche Orden, der das spätere Ost- und Westpreußen ab 1231 eroberte und für sich gewann, schon von den pommerschen Herzögen übernahm. Aus den vorgeschichtlichen Epochen wissen wir nichts über die Gewinnungsumstände des Bernsteins, doch die Tatsache, dass die reichen Gräber der Prussen, der Einwohner des Landes an der Ostsee-Bernsteinküste, viele Luxusgüter aus jenen Ländern enthielten, in die der Bernstein verkauft wurde, deutet auch auf eine nach den Bevölkerungsschichten organisierte Bernsteingewinnung hin.

Der Deutsche Orden hatte zur Beaufsichtigung der Bernsteinsammlung die Küsten in Abschnitte unterteilt, in denen je ein Strandvogt und einige sog. Strandreiter eingesetzt waren. Sie hatten die strandnah wohnende Bevölkerung zu kontrollieren, ob zu den jeweils günstigsten Zeiten der Witterung der Bernstein auch gesammelt wurde, dass er vollständig abgeliefert wurde und dass sich keine Fremden in der Strandregion aufhielten. Ebenso durften die Anwohner nicht frei kommen und gehen, sondern nur mit Genehmigung ihren Wohnort verlassen. Der Rohbern-

Die samländische Steilküste, am Strand Bernsteinfischer, im Steilhang Bernsteingräber in Stollen, Kupferstich aus Hartknoch, 1684

stein wurde an drei Orten der Samlandküste gesammelt, in den Burgen Balga, Fischhausen und Lochstädt, und zum Versand schließlich an den obersten Bernsteinverwalter des Ordens in Königsberg geliefert. Diese Bestimmungen galten im Wesentlichen bis 1837, im strengen Sinn der Anwendung immerhin bis 1811.

Bernsteinkruzifix, wohl Elbing, um 1700

Bernstein-Kreuzgruppe und Grab Christi, Danzig oder Königsberg, 4. Viertel 17. Jh.

Bernstein-Kreuzgruppe, Details des Kreuzstammes: oberer Abschluss mit Adlersymbol, Engelskopf mit Flügeln

Bernstein-Kreuzgruppe, Detail: Maria und Johannes am Fuß des Kreuzes, darunter das Grab Christi

Auch als der Deutsche Orden als Landesherr vom Herzog in Preußen abgelöst wurde, änderte sich nicht viel. Zeitweise waren die Strandvögte keine Staatsbeamten, sondern Pächter, die auf eigenes Risiko und eigenen Nutzen die Einhaltung der Sammelpflichten zu kontrollieren hatten. Doch die Strenge des Strandrechtes nahm im Laufe der Zeit sogar noch zu. Da die staatliche Entlohnung recht niedrig war, in Geld, zeitweise auch in Salz, einer anderen Monopolware, gezahlt, nahmen die Unterschlagungen zu, ebenso die Verpflichtung zur Anzeige und die Strafen. Galgen und Scharfrichterschwert kamen immer wieder zur Anwendung. Geholfen hat das alles nicht viel, wie man aus den immer wieder verschärften Fassungen der Gesetze folgern kann.
Schließlich waren es die immer weiter sinkenden Preise für Rohbernstein, die das ganze Bernsteinsammelwesen an der preußischen Küste im frühen 19. Jahrhundert einfach zu teuer werden ließen, was zur Aufhebung der strengen Bestimmungen der Sammelverpflichtung und des Verbots für alle Fremden, den Strand nicht zu betreten, führte. Das Monopol auf den Bernstein und damit die Pflicht, die Fundstücke bei der Verwaltung abzuliefern, bestanden bis 1945 und gelten im heute russischen Teil Ostpreußens immer noch.
Der hohe Wert, den Bernstein einst besaß, der mit Gold verglichen wurde, folgte auch aus seiner begrenzten Ausbeute. Sammeln, Schöpfen und Stechen waren die wesentlichen Gewinnungsarten. Nach bestimmten Windwetterlagen, die vor allem von Herbst bis Frühjahr vorkamen, wurde besonders viel Bernstein aus seinen Lagerstätten in der Erdschicht, der sog. Blauen Erde, von der bewegten Ostsee herausgewaschen und an den Strand getragen. Am Strand findet er sich in der Spülzone mit an-

Bernsteinschöpfer und -gräber an der Samlandküste auf dem Titel eines Buches von 1677

Bernstein-Humpen, Königsberg, Mitte 17. Jh., Details: Bernsteinreliefs vom Humpendeckel: Löwe, Kamel

Bernsteinschale in Silberhalterung, Ostpreußen, um 1600 oder früher

Bernsteinfischer, Strandaufseher, Leuchtturm und Galgen mit Bernsteinschmuggler, Holzschnitt 1662

deren leichten Schwemmteilen, Tang und Holzstückchen beispielsweise. Denn sein spezifisches Gewicht lässt ihn in Salzwasser schwimmen.
Nach stürmischem Wetter wurde oft so viel Tang und Bernstein losgerissen, dass sich kleine Inseln bildeten, die man schon beim Herantreiben ans Ufer ausmachen und mit dem Kescher einfangen konnte. Den vollen Kescher leerte der Bernsteinfischer dann kurz am Strand aus, um gleich

Bernsteinfischer an der samländischen Steilküste, Foto 1920er Jahre

wieder ins Wasser schreiten und einen neuen Tanghaufen einfangen zu können. Derweil sammelten Frauen und Kinder aus den gekescherten Tangknäulen den darin hängenden Bernstein. Natürlich kam es für jede Familie darauf an, möglichst viel Bernstein zu sammeln, da daraus ein Teil des Lebensunterhalts bestritten werden musste. Die Strandbewohner waren oft Fischer oder kleine Bauern bzw. Tagelöhner, die eben der

Bernsteinkreuzfuß,
Königsberg, um 1675
Detail: Der Jünger Johannes

Bernsteinkasten,
Königsberg, 3. Viertel
17. Jh.

Bernstein-Sammelpflicht einen Teil ihrer Zeit zur Erwerbstätigkeit widmen mussten.
Zur Ausrüstung eines Bernsteinfischers gehörten Kescher und Spießstangen, große Sammelbeutel, die man sich vor den Oberkörper band, und entsprechende Kleidung. Als im 17. und 18. Jahrhundert die Bezahlung für den abgelieferten Bernstein so niedrig geworden war, dass sich das Sammeln im Vergleich zur aufzuwendenden Zeit und Mühe eigentlich gar nicht mehr lohnte, sahen die Strandordnungen vor, dass der Strandvogt bzw. die Strandreiter oder -läufer regelmäßig zu kontrollieren hatten, ob jede zum Sammeln verpflichtete Familie die erforderliche Zahl der vorgeschriebenen Geräte besaß und ob diese sich auch in brauchbarem Zustand befanden. Außerdem bestand die Anweisung, die Strandbevölkerung des Nachts resp. frühen Morgens bei entsprechender Windlage zu wecken und zum Sammeln anzutreiben!
Aber auch ruhiges Wetter war keine Zeit der Untätigkeit für Bernsteinfischer. Bei glattem, klaren Wasser konnte man auf dem Seeboden liegenden Bernstein entdecken und ihn mit der Hand oder bei größerer Wassertiefe mit der Stechstange heraufbringen. Das Bernsteinstechen betrieb man auch noch im späteren 19. Jahrhundert. Mehrere Mann saßen dabei in einem Boot. Während die einen mit langen Stangen auf der herabgeneigten Seite des Kahns den Seeboden bestrichen, mussten die anderen auf der Gegenseite dafür sorgen, dass das Boot nicht umschlug.
Die bernsteinführenden Sandschichten gibt es natürlich auch im Landbereich des Samlandes und im Weichselmündungsgebiet, ebenso durch die bereits kurz erwähnte weiträumige Gletscherverschiebung in den

Bernsteintaucher in Brüsterort am Kurischen Haff, Holzstich 1870

Bernstein-Flacon, Ostpreußen, um 1720/40

Bernsteinleuchterpaar, Ostpreußen, 2. H. 17. Jh.

Eiszeiten auch in einem weiten Bereich von Russland bis an die Nordseeküste. Die sog. Seeberge an der Steilküste des Samlands bzw. einige Berge in Küstennähe dort haben sicher schon in vorgeschichtlicher Zeit gelegentlich Menschen zum Suchen nach Bernstein veranlasst. Sichere Nachrichten über das Graben nach Bernstein stammen aber erst aus dem späten 16. Jahrhundert.

Die Grabungen nach Bernstein, der in der Schicht der sog. Blauen Erde oft nesterartig zusammenliegt, brachten immer nur kurzzeitig Ertrag. Das Hineingraben in die Steilküste war zudem gefährlich, da die Bernsteingräber nicht selten verschüttet wurden. Bedeutendere Erträge erzielten erst im 19. Jahrhundert angelegte Bernsteingräbereien.

Die industrielle und damit erst wirklich ertragreiche Bernsteingewinnung begann Mitte des 19. Jahrhunderts und ist dann mit dem Namen der Firma Stantien und Becker verbunden. Diese beiden Unternehmer waren in der Entwicklung der Gewinnungs-, Verarbeitungs- und Vermarktungsmethoden gleicherweise findig und erfolgreich. Sie betrieben den Bernsteinabbau im Tagebau an den Hängen der samländischen Steilküste, ließen ein Bergwerk bei Palmnicken anlegen, um erstmals mit fachgerechter Technik den Bernsteinabbau unter Tage durchführen zu können, sie ließen von Schwarzort auf der Kurischen Nehrung aus eine Bootsflotte mit Tauchern auf dem Haff arbeiten und betrieben eine größere Anzahl von Baggerschiffen, die vom Boden des Kurischen Haffs Bernstein heraufholten. Alle diese Unternehmungen fanden zwischen 1860 und 1899 statt, dann verkauften die Firmeninhaber ihr weltweit erfolgreiches Unternehmen an den preußischen Staat, der ihnen zuvor die nötigen Pri-

Bernsteintaucher auf dem Seeboden, Holzstich 1870

Der Wachtbudenberg bei Klein Kuhren an der Samlandküste, Deckfarbenbild, um 1820/40

Die Wolfsschlucht bei Warnicken an der Samlandküste, Deckfarbenbild, um 1820/40

Bernsteingräberei bei Sassau an der Samlandküste, Holzstich 1868

prilegien gewährt hatte. Fortan führten die Königlichen Bernsteinwerke die Geschäfte, wobei man sich mehr und mehr auf die Gewinnung unter Tage und im Tagebau konzentrierte, da das Bernsteintauchen und -baggern sich nach zwei bis drei Jahrzehnten als nicht mehr lohnend erwies.

Der Bernsteinhandel

Aus der Archäologie wissen wir über den weitreichenden Handel mit Bernstein bis Asien und in die Mittelmeerregion. Die Verbindung in die arabische Welt lässt sich im Ostseeraum auch für das erste Jahrtausend mit Funden belegen. Es scheint, dass die Nordsee bis um 1000 n. Chr. auch noch reicher Bernstein hergab, als es heute der Fall ist. Seit dem 13. Jahrhundert ist aber der Raum der südlichen Ostseeküste das wichtigste Ausgangsgebiet des Bernsteinhandels. Die Landesherren Preußens, zunächst der Deutsche Orden, später die Herzöge und Könige Preußens, organisierten auch den Handel mit Bernstein, da dieser ihnen erst die guten Einkünfte aus dem Bernsteinmonopol einbrachte. Der Orden hatte seit dem frühen 14. Jahrhundert mit Bernsteinhandwerkerorganisationen, den Zünften oder Ämtern, in Brügge und Lübeck Handelsabkommen, später kam Danzig hinzu, dann Stolp, Elbing, Königsberg.

Die Bernsteinhandwerker in den großen Handelszentren konnten durch die guten Handelsverbindungen ihre Produkte europaweit vertreiben. Das wichtigste Produkt aus Bernstein waren die Gebetsketten – Rosenkränze oder Paternoster genannt –, die im Spätmittelalter in allen Teilen der christlichen Welt viel gebraucht wurden. Nach diesem Artikel hießen die Bernsteinhandwerker auch Paternostermaker. Der Orden war daran interessiert, den Rohbernstein möglichst an weiter entfernten Orten zu handeln, damit der Absatz illegal gesammelten Bernsteins von Preußen aus möglichst erschwert wurde. Erst als Macht und Einfluss großer preu-

Elfenbeinrelief Anbetung der hl. 3 Könige, in Bernsteinrahmen, Königsberg (?), 2 Hälfte 17. Jh.

Detail des Bernsteinrahmens: Bernsteinplättchen mit Ornamentverzierung, Metallunterlage für das gravierte Bernsteinplättchen

ßischer Handelsstädte, allen voran Danzig, im 15. Jahrhundert stark gewachsen waren, belieferte der Orden auch dort Bernsteinhandwerker. Nach der Reformation Anfang des 16. Jahrhunderts sank die Nachfrage nach den Gebetsketten stark, da diese nur in katholischen Gebieten in Gebrauch waren. Herzog Albrecht von Preußen regelte den Bernsteinhandel neu, indem er alle Aufgaben und Rechte daraus an die Danziger Kaufmannsfamilie Jaski verpachtete, also das Risiko abgab und sich doch eine vereinbarte Festeinnahme sicherte. Den Kaufleuten gelang es, trotz der stark rückläufigen Nachfrage nach Rosenkränzen in Europa den Bernsteinabsatz zu halten. Über Venedig waren Handelsverbindungen in die arabische Welt geknüpft worden, denn auch im Islam werden Gebetsketten gebraucht. Das in der Hand angenehm warme Material des Bernsteins, das zugleich aber nicht tierischen Ursprungs ist, eignet sich auch nach mohammedanischer Sicht besonders gut dazu.
Der Erfolg des Bernsteinhandels bewog die preußischen Herzöge im 17. Jahrhundert, die Verpachtung zurückzunehmen. Nach Rückschlägen in der Zeit des 30-jährigen Krieges und des besonders den Ostseeraum betreffenden Nordischen Kriegs in der Jahrhundertmitte brachte die Initiative des Großen Kurfürsten Friedrich Wilhelm von Brandenburg-Preußen eine Blüte der europäischen Bernsteinkunst. Bernstein wurde zu einem Luxusgut des Adels und der Herrscherhäuser. Doch etwa hundert Jahre später flaute diese Bernsteinmode der Barockzeit wieder ab, die Einnahmen des Bernsteinmonopols deckten um 1800 manchmal kaum die Ausgaben für die Organisation des überwachten Sammelns und des kontrollierten Handels. Im frühen 19. Jahrhundert schließlich verpachtete der preußische König wiederum Teile des Monopols. Nun brachte ab ca. 1860 die

Palmnicken (Ostpr.), Bernsteinwerk, Betriebsgebäude des Bergwerks, Ansichtskarte um 1905

Verbindung von Gewinnung und Handel in einer Unternehmerhand, der Gesellschaft von Stantien und Becker, wieder größere Gewinne.
Ab 1900 bis 1945 waren für den Bernsteinhandel zunächst die Königlichen Bernsteinwerke, nach dem Ersten Weltkrieg die Staatliche Bernsteinmanufaktur (SBM) im Rahmen der Preußischen Bergwerks- und Hütten-Aktiengesellschaft (PREUSSAG) verantwortlich. So blieb die staatliche Regie des Bernsteinmonopols bis 1945 erhalten und dauert im russischen Oblast Kaliningrad, wie das nördliche Ostpreußen jetzt heißt, bis heute an.

Bernsteinmadonna, Danzig oder Königsberg, 1624 (Höhe 20,7cm)

Geschnitzte Bernsteinfigurengruppe: Ecce homo (der gemarterte Christus), Danzig oder Königsberg, Anfang 18. Jh.

Die moderne Bernsteingewinnung im Tagebau

Die bernsteinführende Erdschicht im Samland, die sog. Blaue Erde, wird seit Anfang des 20. Jahrhunderts und bis heute im Tagebau abgebaut, ähnlich wie Braunkohle etwa. Mit großen Schaufelbaggern wird die bernsteinhaltige Erde heraufbefördert und in Waggons der Grubenbahn gefüllt. Diese entleeren ihre Ladung in die sog. Bernsteinwäscherei, wo die Erde auf Betonboden liegt und der enthaltene Bernstein durch Wasserwerfer ausgewaschen wird. Das weggeschwemmte Bernsteinmaterial wird anschließend in großen rotierenden Trommeln weiter gewaschen, dann in der Sortiererei mechanisch und per Hand ausge-

Palmnicken (Ostpr.), Bernstein-Tagebau, Photo 1930er Jahre

sucht. Nur gut 10 % der Ausbeute kann für Kunsthandwerk und Schmuck verarbeitet werden, der Rest ist zu klein und geht in die Schmelzerei.
Eine andere Methode wurde für Bernsteinvorkommen im Weichseldelta erst in den Jahren nach 1945 entwickelt: Da die bernsteinführende Schicht hier flächenweise dicht unter der Erdoberfläche liegt, wird der Bernstein durch Wasserdruck einfach heraufgespült. Eine größere Fläche wird dazu mit einer Wandung umgeben, was ähnlich aussieht wie ein aufstellbares Schwimmbecken. Der aufschwimmende Bernstein wird dann abgesammelt, wobei nur etwas größere Stücke gewonnen werden können. Die Verarbeitung des kleinen Bernsteins ist jedoch heute nur noch im großen Stil industriell lohnend.

Jantarnyi (ehem. Palmnicken), Bernsteinkombinat im heute russischen Gebiet Kaliningrad, Photo um 1995

Bernstein-Kropfkette, Trachtenschmuck des Schaumburg-Lipper Landes, 19. Jh.

Bernsteinkette, Hutnadeln, Brosche, Ostpreußen (?), Ende 19. Jh.

Palmnicken (Ostpr.), Bernsteinförderung im Bergwerk, Grube Anna, Ansichtskarte um 1905

rechte Seite:
Palmnicken (Ostpr.), Bernsteinwerk. Auswaschen des Bernsteins aus der im Tagebau abgebauten sog. Blauen Erde, Feinwäsche des Bernsteins, Ansichtskarte, um 1930

Bern einwerk Palmnicken

Bernsteinw Palmnicken
Reinwäsche

Funde aus Werkstätten von Bernsteinarbeitern in Memel, 16./17. Jh.

linke Seite:
Bernsteinfunde aus Haithabu bei Schleswig: Schmuckteile 10. Jh.

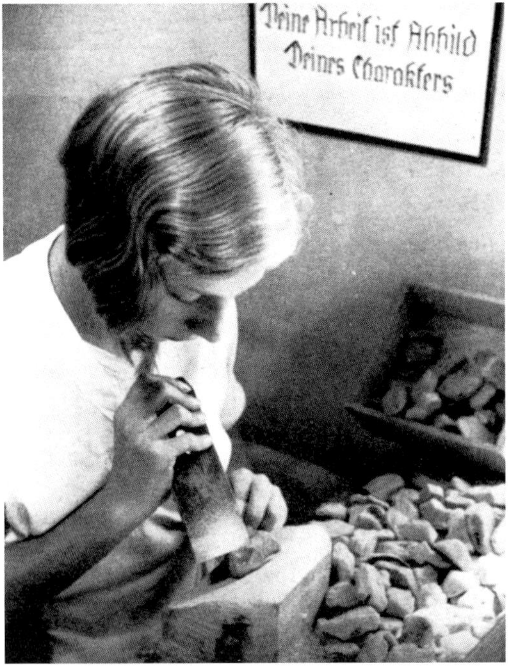

Bernsteinbearbeitung in der Staatlichen Bernstein Manufaktur Königsberg: Beseitigung der Verwitterungsrinde, Facettschliff für Bernsteinperlen, Photos 1930er Jahre

Bernsteinverarbeitung

Aus der Archäologie sind uns kleine Bernsteinwerkstücke bekannt: Perlen und Schmuckstücke, kleine flache oder plastische Figuren, die in der spätantiken Zeit auch sehr naturähnliche Formen erreichen. Die erste große Zeit des Bernsteinkunsthandwerks in der geschichtlichen Zeit Preußens beginnt um 1300 mit den Gebetsketten, Rosenkränzen, die die Bernsteindreher in Lübeck und Brügge herstellen. Daneben sind nur wenige figürliche Kunstwerke als Arbeiten von Bernsteinschnitzern bekannt, fast durchwegs Heiligenfiguren. Aus den Quellen des Deutschen Ordens wissen wir, dass beim Ordenshochmeister auf der Marienburg, später in Königsberg, einige wenige Bernsteinkünstler als Hofkünstler tätig waren. Ihre Werke dienten teilweise als Geschen-

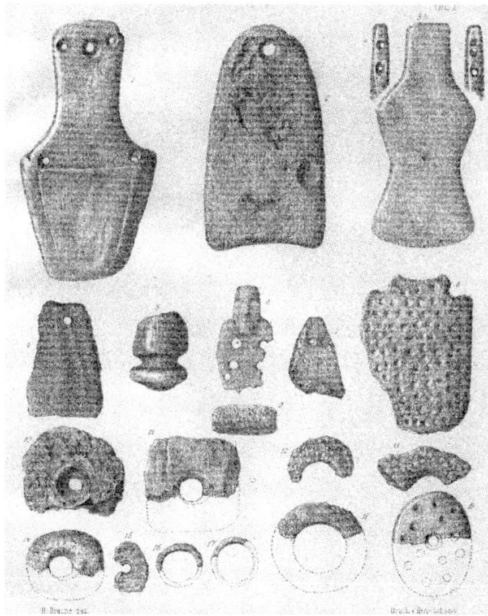

Bernsteinfunde aus dem Kurischen Haff bei Schwarzort (Jungsteinzeit)

Spiegel mit Bernsteinrahmen, Danzig (?), 2. Hälfte 17. Jh.

Bernsteinkasten, Danzig, um 1670/90

Bernsteinfigurengruppe Aeneas und Anchises, Königsberg oder Danzig, 1. Hälfte 17. Jh.

ke, die der Hochmeister an hochgestellte Personen vergab. Diese Verwendung von Bernsteinarbeiten als diplomatische Geschenke ist eigentlich bis heute noch üblich. Diese Sitte der Bernsteingeschenke in allerhöchsten Kreisen belegt, als wie kostbar das Material und die Arbeiten daraus eingeschätzt wurden. Man wog guten, verarbeitungsfähigen Bernstein mit Gold auf.

Die Anzahl der Bernsteinkünstler wuchs im 16. Jahrhundert, auch die Verschiedenheit ihrer Erzeugnisse. Es wurde der Bernstein gedrechselt, gebohrt, geschnitzt und geschnitten. Dabei brauchte der Handwerker eine große Erfahrung, um dem Rohbernsteinstück anzusehen, was daraus zu machen wäre. Misslang ein Stück oder zerbrach es, weil es im Innern doch nicht so gleichmäßig war, wie für die Bearbeitung nötig, war der Materialschaden eventuell groß. Doch wurden auch kleine Stücke noch bearbeitet oder zumin-

dest als Pulver genutzt, um beispielsweise Bernsteinklebstoff zu gewinnen.
Dieser Klebstoff war wichtig für die im 16. Jahrhundert entwickelte Technik der sog. Inkrustation. Dabei wurden zugeschnittene und polierte Bernsteinplättchen auf ein Trägermaterial, meist Holz, aufgeklebt. Somit konnten größere Flächen als Bernstein erscheinen, es war möglich, Kleinmöbel und große Möbel, vom Schmuckkästchen über Sessel, Spiegelrahmen, Schränke bis zu ganzen Wandpanelen, wie im Falle des legendären Bernsteinzimmers, wertvoll zu verkleiden.
Die Nähe der Technik der Bernsteinverarbeitung zu jener des Elfenbein- und Knochenschnitzers brachte eine besonders aufwändige Verzierungsart hervor, das Bernsteinéglomisé. Dabei wird auf der zu verzierenden Fläche eine kleine Vertiefung geschaffen, in die ein als Figur oder Ornament geschnitztes Knochen- oder Elfenbeinstück gelegt wird. Darüber legt man ein durchsichtiges Bernsteinplättchen. Eine einfachere Variante, die oft verwandt wurde, besteht aus einer Ritzgra-

Bernsteinplättchen mit gravierter Darstellung: Christus am Ölberg, von einem Bernsteinkruzifix, Ostpreußen, 18. Jh.

Detail des Bernsteingriffs einer Fleischgabel (s. rechts)

Gabel mit Bernsteingriff, Stolp oder Ostpreußen, 17. Jh.

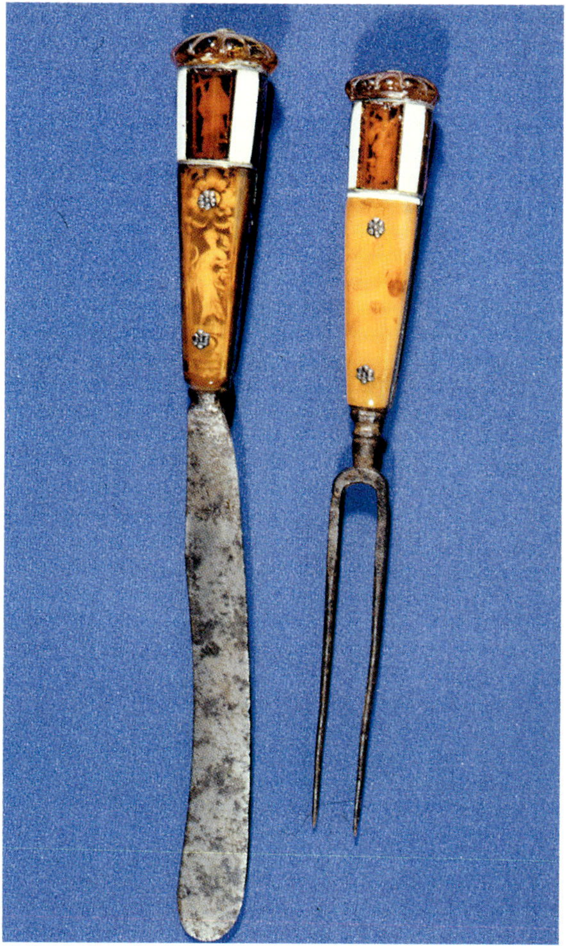

Messer und Fleischgabel mit Bernsteingriff, Danzig oder Königsberg, um 1680

vierung oder einer eingetieften, flachen Reliefschnitzerei auf der Unterseite eines klaren Bernsteinplättchens. Die Darstellung ist bei einfallendem Licht zu erkennen, verstärkt von einer glänzenden Metallfolie darunter, die das Licht reflektiert.
Alle Bernsteinverzierungen, mit Ausnahme vielleicht eines Mosaiks aus hellen bis ganz dunklen Platten, sind kleinteilig, die meisten Schaustücke, die im 16. bis 18. Jahrhundert entstanden, sind es ebenfalls. Auch wenn man viele Gebrauchsgegenstände des gehobenen Bedarfs wie Messer, Gabeln, Löffel, Stücke für den Toilettentisch, Kamm, Bürste, Parfümflakon, Spiegel, Schmuckkästchen usw. aus Bernstein machte, war ein dauernder Gebrauch nicht beabsichtigt und wegen der Brüchigkeit des Materials kaum möglich. Die Bernsteinkunstwerke wurden eben in erster Linie für die Sammlungen von Fürsten, Adeligen, reichen Bürgern, für Kunst- und Wunderkammern geschaffen. Ihre Meister gehörten zu den wenigen Bernsteindreherzünften, die es gab, so in Königsberg, Elbing, Danzig, Stolp, Lübeck, oder waren Freimeister im Dienste verschiedener Fürstenhöfe in Deutschland, Skandinavien und Russland.
Die barocke Bernsteinmode erreichte in den Jahrzehnten um 1700 ihren Höhepunkt und lief gegen Ende des 18. Jahrhunderts aus. Die Bernsteinzünfte schrumpften zusammen und lösten sich um 1800 endgültig auf. Die höhere Bernsteinkunst in Europa kam zum Erliegen. Im Zuge der Industrialisierung entstand dann im späten 19. Jahrhundert eine Bernsteinindustrie, die in größeren Stückzahlen Gebrauchsgegenstände, vor allem Raucherutensilien, Gebetsketten für den orientalischen Raum und später Pressbernstein als „Kunststoff", lieferte. Durch die fortentwickelte Gewinnungstechnik vor allem im Tagebau wurde Bernstein im Preis

Bernsteinhafen der Fa. Stantien & Becker in Schwarzort, um 1880

erschwinglicher und kam als Schmuckmaterial gegen 1900 und vor allem mit dem Jugendstil wieder in Mode.

Der Pressbernstein wurde gegen 1880 in Wien entwickelt. Dabei nutzt man kleine „Bernsteinkrümelchen", die ansonsten nur zum Einschmelzen geeignet wären. Sie werden bei höherer Temperatur unter Druck zusammengepresst und ergeben eine einheitliche Masse, die sich in beliebigen Formen, Größen und Farben herstellen lässt. Damit wird auch die Bearbeitung einfacher, gibt es doch nicht mehr die Risse, Hohlräume oder die schwankende Dichte des Materials, die sonst dem Bernsteinschnitzer Schwierigkeiten bereiten. Eine stärker mechanische Massenbearbeitung des Materials wurde möglich. Die Herstellung war billiger, da der Einkaufs-

Bernsteinkännchen, Königsberg, gegen 1600

Großer Bernsteinrahmen auf der Südwand des rekonstruierten Bernsteinzimmers in Zarskoje Selo bei St. Petersburg

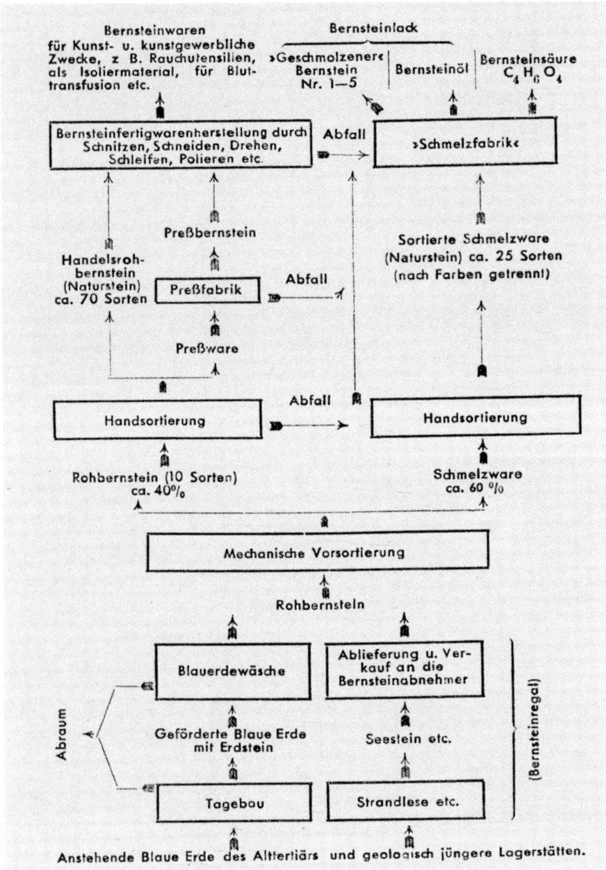

Schaubild der Bernstein-Gewinnung und -Verwertung

preis des kleinen Bernsteinmaterials ungleich günstiger war als der von großen Stücken. Von Wien aus hatte man den großen Bernsteinmarkt der arabischen Welt erschlossen, wohin in erster Linie Gebetsketten und Mundstücke für Wasserpfeifen in großem Umfang geliefert wurden.

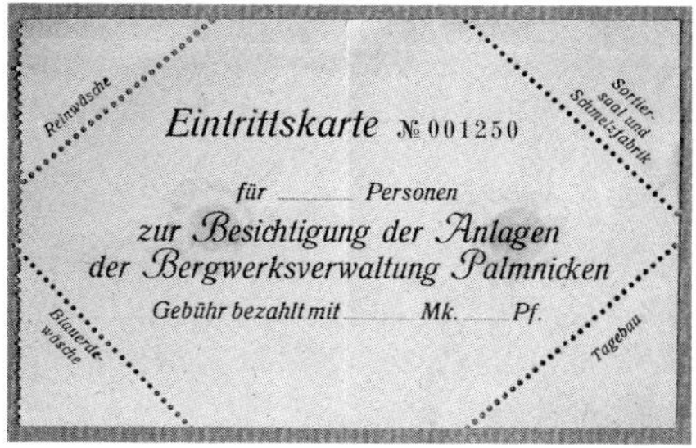

Eintrittskarte der Bernsteinwerke in Palmnicken, 1920er Jahre, Abfolge der 4 Stationen von unten rechts gegen den Uhrzeigersinn

Vielfach wieder in Vergessenheit geraten ist die Rolle, die Bernstein in der aufkommenden Elektrotechnik wie im medizinischen Apparatebau um 1900 und bis in die Mitte des 20. Jahrhunderts spielte. Zu seinen Materialeigenschaften gehört, dass er Strom schlecht leitet und die Blutgerinnung verzögert. Daher wurde er einerseits als Isoliermaterial für elektrische Anlagen eingesetzt, in seinen Eigenschaften in dieser Hinsicht noch günstiger als Glas oder Keramik. Der andere Aspekt ließ ihn geeignet erscheinen für Bluttransfusionsgeräte.

Die Entwicklung des Pressbernsteins führte zu sinkender Nachfrage bei Rohbernstein. Dies konnte dann jedoch aufgefangen werden durch den Ende des 19. Jahrhunderts begonnenen Bernstein-Tagebau bei Palmnicken, der durch seine große Ausbeute, die auch verlässlich gleich blieb und durch technische Weiterentwicklung noch gesteigert werden konnte, niedrigere Entstehungskosten hatte. Damit machte sich Bernstein allerdings

Zigarrenmundstück, Bernstein und Meerschaum, Wien oder Königsberg, um 1900

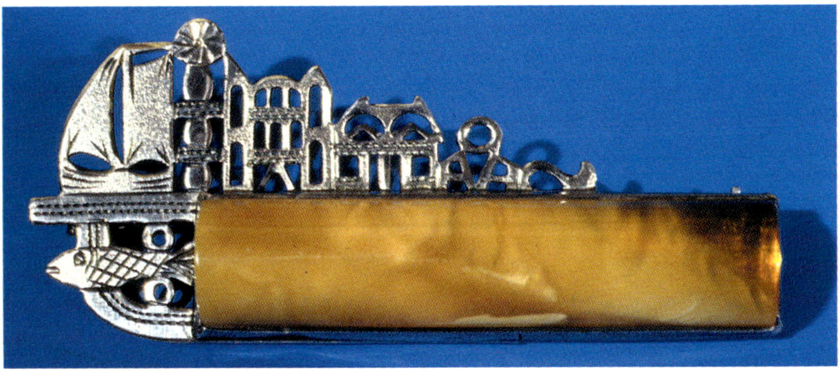

Bernsteinbrosche, Silberfassung in Form eines Kurenwimpels, Ostpreußen, 1930er Jahre

Pressbernsteinmedaille, 600 Jahre Königsberger Dom, Staatliche Bernstein Manufaktur, Königsberg, 1933

durch ein stark ausgeweitetes Angebot selbst Konkurrenz. Zudem kamen um 1900 erste Kunststoffe auf den Markt, die teilweise als Bernsteinnachahmung in Massenartikeln den echten Bernstein zu verdrängen drohten.
Eine erneute Belebung der Bernsteinkunst erfolgte dann durch die Initiative der Staatlichen Bernstein Manufaktur (SBM) in Königsberg. Der Bernsteinmarkt war nach dem Ersten Weltkrieg in den Inflationsjahren und durch die Konkurrenz neu entwickelter Kunststoffe fast zusammengebrochen. Um den Absatz in einem konkurrenzlosen Bereich wieder zu steigern, versuchte man in Königsberg, durch Schulungen und Wettbewerbe gezielt Kunsthandwerker, diesmal vielfach Goldschmiede, die früher kaum mit Bernstein zu tun hatten, für dieses Material zu interessieren. Diese Anfänge machte sich die nationalsozialistische Verwaltung ab 1933 zunutze und ließ ein großes Sortiment an Schmuck und Ziergegenständen herstellen und nutzte selbst Bernsteinobjekte wie Teller, Pokale, Rollen usw. als Preisgaben für Wettbewerbe, Staatsgeschenke, Jubiläen etc. Dazu entwickelte man geschickt eine Werbekampagne für das „deutsche Gold". Bernstein erhielt damit eine nationale Bedeutung und rückte in Deutschland in das Bewusstsein eines großen Teils der Bevölkerung. Hiervon profitierte die Bernsteinkunst auch noch nach 1945 und bis heute.
Neu für die Bernsteinkunst war nun die Kombination des Materials hauptsächlich mit Silber (für einfachere Anfertigungen auch mit silbern wirkenden unedlen Metallen). Dabei entwickelten die Fachleute der SBM und der wenigen anderen Bernsteinfirmen in Ostpreußen und Danzig eine Methode, Bernsteinplatten auf Silbergrund zu befestigen. Aber auch das freie Schnitzen und das Gravieren von Bernsteinreliefs wurde zu großer Qualität geführt. In besonders edlen Schmuckgestaltungen ge-

brauchten zuerst ostpreußische Goldschmiedinnen, allen voran Toni Koy und Käthe Kienast in Königsberg, nun auch Bernsteininklusen. Deutschlandweite und internationale Wettbewerbe machten dann weitere Goldschmiede und andere Kunsthandwerker erneut auf die vielen Möglichkeiten des Schmuckmaterials Bernstein aufmerksam.
Zum ersten Mal wurde andererseits Bernstein in kleinen Stücken zu Massenschmuckstücken verarbeitet und verlor somit eigentlich seinen exklusiven Charakter, den er in der früheren Bernsteinkunst immer gehabt hatte. Dennoch blieb das Bewusstsein, dass der Bernstein etwas ganz Besonderes ist. Die Faszination dieses einzigartigen Materials hat sich bis heute unverändert erhalten. Nach dem Zweiten Weltkrieg hatte sich die Situation für den Bernstein in Deutschland drastisch verändert. Die ostpreußische Bernsteingewinnung und die wichtigsten Ostseeküsten, an denen Bernstein in größerer Menge gesammelt werden kann, waren verloren. In den verbliebenen Teilen Deutschlands gab es nicht zuletzt durch die Vertriebenen viele Menschen, denen Bernstein etwas bedeutete und die seit den Jahren des wirtschaftlichen Wiederaufstiegs vor allem der Bundesrepublik auch wieder Bernsteinschmuck kaufen wollten. Die einst große Staatliche Bernstein Manufaktur konnte in bescheidenem Umfang für einige Zeit in Hamburg weiterarbeiten. Schmuckkünstler knüpften ebenfalls an ihre Arbeiten vor dem Kriege an. Auch hierbei finden sich nicht wenige Firmengründungen von Vertriebenen aus Ostpreußen und Pommern.
Politische und wirtschaftliche Umstände machten es nun jedoch schwierig, an Rohbernstein in geeigneter Qualität heranzukommen. Er musste aus der Sowjetunion bzw. der Volksrepublik Polen bezogen werden. Das barg für die verstaatlichte Bernsteinschmuckindustrie in der DDR große

Hermann Brachert (1890–1972): Die Schwebende, 1939 Bernsteinschnitzerei der Staatl. Bernstein Manufaktur, Königsberg

Bernsteinkasten mit ostpreußischen Städtewappen, Staatliche Bernstein Manufaktur, Königsberg, 1938

Probleme, da der Rohstoff vornehmlich gegen westliche Währung verkauft wurde. In Vorpommern hatte es schon nach dem Ersten Weltkrieg eine Bernsteinschmuckfirma gegeben, die in der DDR als „VEB Ostseeschmuck" weiter betrieben wurde. Was hier in Ribnitz-Damgarten als Ostseebernstein verarbeitet wurde, kam vielfach aus dem Braunkohlerevier Bitterfeld, wo der Abbau im Tagebau auch aus den entsprechenden Schichten Bernstein erbrachte. Dieser entstammt natürlich derselben Entstehung wie der aus der Ostsee an die Küste gespülte Stein, doch hielt man den Fundort Bitterfeld geheim, um nicht die besondere Aura des Ostseebernsteins als Verkaufsargument zu verlieren.

Die in der Zwischenkriegszeit, besonders in der Zeit des Dritten Reiches, erlangte Bekanntheit des Bernsteins als Schmuckmaterial, als „Gold des Nordens", „Deutsches Gold", „Deutscher Werkstoff" usw., wirkte sich noch einige Jahrzehnte nach 1945 aus. In dieser Zeit gab es dafür auch wenig neue Impulse zur Weiterentwicklung der Schmuckformen. Zwar boten die klassizierenden Entwürfe für Schmuck und Ziergeräte mit Bernstein aus den 1920er und 1930er Jahren eine relativ lange wirkende Zeitlosigkeit der Formen, doch allmählich hatten sich diese einmal überlebt, die nachwachsende Generation der Bevölkerung vor allem in Westdeutschland hatte keine eigene Beziehung zum Material Bernstein aufgebaut. Neue Ansätze, den Bernstein „wiederzuentdecken", entstanden zur Zeit der politischen Wende in Europa. Neue Reisemöglichkeiten ins „Land des Bernsteins", nach Ostpreußen, das wieder in großem Umfang vorhandene Angebot an Rohbernstein und neuerdings an verarbeitetem Bernstein aus Litauen, Polen und Russland ließen auch in Deutschland neue Ansätze für die Bernsteinkunst entstehen. Als ein Ausgang dieser Entwicklung muss das Deutsche Bernsteinmuseum in Ribnitz-Damgarten erwähnt werden. Wiederum wurden nationale und internationale Wettbewerbe ausgeschrieben, um die Kreativität der Schmuckkünstler auf diesem Gebiet neu zu beleben. Das Massengeschäft mit den einfachen Schmucksorten an Ketten, Armbändern und Ringen allerdings, das bis heute noch stark von den Vorbildern der 1930er Jahre aus der einstigen Staatlichen Bernsteinmanufaktur Königsberg abhängt, wird jetzt vor allem aus Polen und Litauen bestritten.

Bemerkenswert bleibt, dass trotz des jetzigen Massenangebots an Bernstein und den stark gesunkenen Preisen die Faszination dieses ungewöhnlichen Stoffs geblieben ist. Er wird heute wohl in größerem Umfang gesammelt und gehandelt als jemals zuvor. Neben seiner Bedeutung als Schmuckstein und, immer noch, in der pharmazeutischen wie kosmetischen Industrie, als Ausgangsbasis für die Herstellung von Lacken, hat er in den letzten Jahrzehnten durch seine Inklusen weitere Interessenten gewonnen. Nicht ausschließlich naturwissenschaftliches Interesse beflügelt die internationale Sammelbewegung für Bernsteineinschlüsse, die vor allem in baltischem (Ostsee-) und dominikanischem Bernstein vorhanden sind. Der unmittelbare Einblick in Lebensformen, die bis zu 50 Millionen Jahre alt sind und dabei heutigen teilweise stark ähneln, hat sicher eine große Faszinationskraft.

Diese Faszination kennt schließlich auch jeder, der einmal am südlichen Ostseestrand oder an der Nordsee mit gesenktem Kopf langsam den Spülsaum entlanggegangen ist, hier und da ein bräunliches Steinchen aufhob und es kurz prüfte, oft wieder fallen ließ, aber manchmal auch beglückt in die Tasche steckte: ein kleines Stück urweltliches Urwaldlebenszeugnis.

Toni Koy: Leuchter, Silber, Bernstein, Königsberg, um 1935

Silberteller mit Bernstein, Staatliche Bernstein Manufaktur, Königsberg, um 1935/39

Urkundenrolle mit Ständer, Staatliche Bernstein Manufaktur, Königsberg, um 1936/38

Bernstein als Heil- und Hilfsmittel

Ein „Stein", der so wunderlich und mystisch ist, dass man ihn verbrennen und durch ihn hindurchsehen kann, von dem man nicht einmal genaue Vorstellungen über seinen Ursprung hat, regt natürlich die Phantasie der Menschen an und erhält auch bald viele Eigenschaften zugeschrieben. So dürften schon die Menschen der Jungsteinzeit, die jene geometrisch oder figürlich geformten Bernsteinstücke geschaffen haben, diesem Material kultische Bedeutung zugeschrieben haben.
Die aus schriftlicher, später auch mündlicher Überlieferung seit der Antike bekannten Anwendungen von Bernstein als Heilmittel rühren letztlich von seinen beobachteten Eigenschaften her: Sein Glanz und seine Durchsichtigkeit ließen sich mit dem Sehen, mit den Augen verbinden. „Wenn dat Oog nich kloa sehne wöll, mott et möt dem Börnsteen afgeschiat ware" ist in ostpreußischer Mundart aus dem Ermland (Kreis Rössel) überliefert. Bei grauem Star wurde heiß gemachter Bernstein auf das Auge gelegt oder mit einem Bernstein das Lid gerieben.
Besonders viele Anwendungen des Heilmittels Bernstein haben mit seiner elektrostatischen Eigenschaft zu tun, also seinen sichtbaren „Anziehungskräften". Dabei spielt eine Rolle, dass man diesen Kräften eine ausschließlich positive Richtung beimaß. Diese Kraftwirkung erzielt der Bernstein angeblich schon bei äußerlichem Körperkontakt: Das Tragen eines Steins auf der Brust bringt Heilung von Schmerzen, bei Frauen kann er vorn getragen den Milchfluss anregen, auf dem Rücken getragen ihn verringern. Bernsteinohrringe ziehen die Ohrenschmerzen gleichsam her-

aus. Ähnliches galt bei Kopfschmerzen. Bernstein kann auch die „bösen Säfte", eine Vorstellung vormoderner Medizin, aus dem Körper ziehen. Bernstein wurde zur Geburtsunterstützung gebraucht, kleinen Kindern sollte er beim Zahnen helfen, indem sie auf einem solchen Stück herumkauten oder -lutschten. Auch Zahnschmerzen waren Anlass zum Gebrauch dieses Mittels. Ungewöhnlich war die Verwendung zum Abziehen von Kopfschmerzen bei Fieber, indem man Bernstein und Wacholder in einen rohen Teig einknetete, mit Wacholderessig besprengte und unter die Fußsohlen band (Überlieferung von 1650).

Beispiele innerer Anwendung sind das Einnehmen von pulverisiertem Bernstein oder das Einatmen von Dämpfen des verbrennenden Bernstein. So ist noch aus dem späten 19. Jahrhundert überliefert: Man schlägt Bernstein in kleine Stücke, legt diese auf einen Teller zwischen Haare und Federn, steckt alles in Brand, deckt sich ein Tuch über den Kopf und atmet alles ein (1884). „Innerlich gebraucht stärkt er den Magen und befreit ihn von alten bösen Feuchtigkeiten. Bernstein stärkt gewaltig das Herz. Gepulvert in Wein getrunken benimmt die Gelbsucht, treibt den Stein und lindert die Schmerzen …" Bernstein in Pflaster getan sollte Blutungen aus Wunden stillen können (1680). Letzteres verwundert heute auch im Lichte naturwissenschaftlicher Erkenntnis wenig, kennt man doch im späten 19. und 20. Jahrhundert die gerinnungshemmende Wirkung des Bernsteins.

Die Wirkung gegen den „Stein", also Nieren-, Gallen- und Blasensteine, ist in einem berühmten Beispiel überliefert. Der letzte Hochmeister des Deutschen Ordens in Preußen und ab 1525 erster Herzog von Preußen, Albrecht von Brandenburg-Ansbach, sandte dem ihm gut bekannten

Bernsteinöl aus der Apotheke

Martin Luther weiße Bernsteinstücke. Der weiße oder Knochenbernstein war wegen seiner Seltenheit besonders kostbar. Von diesem Stein geriebenes Pulver sollte gegen den „Stein" helfen nach der alten Medizinregel „similia similibus", Ähnliches durch Ähnliches heilen.

Eine übertragene Wirkung des Bernsteins, der dauerhaft oder symbolisch Gutes anziehen kann, drückt sich in einer Volksvorstellung aus dem Samland aus: Vor der Hochzeit steckt die Mutter dem Sohn Bernstein und Brot in die Tasche des Hochzeitsrockes, damit er immer Brot habe (Preußisches Wörterbuch I, 1937).

Das Bernsteinöl, das es auch heute noch in Apotheken gibt, hat nachgewiesenermaßen eine krampflösende Wirkung. Für homöopathische Arzneimittel ist es noch in Gebrauch und findet Verwendung in der kosmetischen Industrie. Alle übrigen ihm einst zugeschriebenen Wirkungskräfte sind heute weitgehend nur noch im Amulettcharakter etwa einer Bernsteinbrosche zu finden.

Bernstein in Volkserzählung und Sage

Bernstein gehört vor allem in die Volkserzählungen und Sagen Ostpreußens. Die folgende Sage soll möglicherweise auf der Kurischen Nehrung spielen und wurde nach der Erzählung einer Frau aus dem Großen Moosbruch (Kreis Labiau) festgehalten.

Die Bernsteinhexe

Dort, wo nur Sand und Wasser ist, hoch in den Dünen, lebt die Bernsteinhexe, sagen die Fischer, und keiner geht aus dem Haus, wenn der Südweststurm tobt. Aber danach laufen sie alle mit Eimern und Netzen an den Strand und sammeln, was ihr aus der Schürze gefallen war, während sie im Sturm tanzte. Da der Bernstein wie die liebe Sonne glänzt, so lieben ihn alle Menschen und tragen ihn zu ihrer Gesundheit.
Einer war neugierig und wollte durchaus wissen, ob man die Bernsteinhexe nicht fangen könnte, und lief immer im Sturm auf die Düne, um sie zu sehen. Er suchte nach einer uralten, gebückten Frau, die eine große Schürze umgebunden hatte, in der sie den Bernstein zu ihrer Hütte irgendwo auf dem Sand trug, weil sie den für ihr ewiges Leben brauchte. Eines Tages kam wieder ein Südweststurm auf. Auf der hohen Düne spähte der Junge nach der Bernsteinhexe aus, doch nur ein wunderschönes Mädchen mit hellblonden Haaren und hellgelbem Kleid kam ihm entgegen. Er wunderte sich sehr, war sie doch nicht aus dem Dorf, und fragte: „Woher kommst du und was suchst du im Sturm?" – „Ich will tan-

zen!", sagte sie und wiegte sich in den Hüften. Da sah er, wie schön sie war, fing sie in seine Arme und tanzte mit ihr über Sand und Wellenschaum, dass er den Boden nicht mehr fühlte. „Bleibe bei mir", sagte der Fischer, „du bist mir lieb!" Sie aber lachte nur, steckte ihm einen dicken Klumpen in die Hand, und schon trug sie der Sturm wirbelnd davon. Der junge Fischer sah auf das, was sie ihm in die Hand gegeben hatte: Es war ein riesengroßes Stück Bernstein, das leuchtete wie die liebe Sonne. Er erschrak, wusste er doch nun, dass er die Bernsteinhexe getroffen hatte. Als er wieder daheim war, versteckte er den Bernstein; denn es sollte niemand von seiner Liebe erfahren. Er arbeitete und fischte alle Tage mit den Seinen, doch sein Herz blieb traurig und er magerte ab zum Erbarmen! Alle Leute wunderten sich über seine Krankheit, doch hatte er stets den größten Fang. Es war, als wenn die Fische sein Netz suchten, so reich war immer seine Beute; doch achtete er nicht darauf, gab sie den Seinen und schien immer nach etwas auszuspähen.
Endlich zogen die Wolken auf, die Düne rauchte vor Sandwehen. Der Fischer zog seine Jacke an und verließ die Stube. Er lief die Düne hinauf und schrie seine Liebe dem Sturm entgegen. Da sah er die schöne Bernsteinhexe winken, stürzte sich in ihre Arme, und sie tanzten im Sturm! Der Wirbelwind riss sie immer weiter und weiter. Die Haare der Hexe glänzten hellgelb, ihr Kleid war wie der Sand und ihre Augen waren tief wie das Meer. Die Bernsteinhexe hielt ihn fest in den Armen und nahm ihn mit auf ihr gelb leuchtendes Schloss, das auf dem Grund des Meeres lag. Die Menschen aber sagten, der junge Fischer wäre ertrunken.

(Leicht gekürzt wiedergegeben nach: Alfred Cammann (Hrsg.): Märchenwelt des Preußenlandes, Berlin 1992 (3. Aufl.), S. 379–381.)

Das Bernsteinrecht

Die Härten, die das Bernsteinmonopol durch die Zwangsmaßnahmen gegen die Strandbevölkerung Preußens zeitigte, spiegeln auch ostpreußische Sagen wider. Dabei steht für die vielen Ungerechtigkeiten und übertriebenen Härten, die die Beauftragten der Monopolherren gegenüber den Betroffenen im Laufe der Jahrhunderte sich zu Schulden kommen ließen, in der Erzählung ein Ordensritter. Dies legt die Sagenhandlung in eine

Gertrud Lerbs, Bernsteinrecht, Radierung um 1930

fernere Vergangenheit und vermied, die aktuelle Obrigkeit direkt anzugreifen.
Erfunden ist dann auch die Eingangsbehauptung, der Bernstein sei einst frei sammelbar gewesen. Dies dürfte ja bereits bei den Prußen im 5.–13. Jahrhundert nicht der Fall gewesen sein. Vermutlich entstand diese Sage erst im 19. Jahrhundert, nachdem die harten Bestimmungen des Bernsteinmonopols 1837 aufgehoben worden waren. Die Sage lautet im Kern wie folgt:
In der frühen Zeit war es jedem frei gewesen, den von der See auf den Strand geworfenen Bernstein aufzusammeln. Als aber die Brüder des Ordens das Land in Besitz nahmen, erkannten sie, wie großen Nutzen sie daraus ziehen könnten, dass sie sich den Bernstein vorbehielten; und Bruder Anselmus von Rosenberg, der Vogt auf Samland, ließ ein Gebot ergehen, dass jeder, der unbefugt Bernstein sammle, mit der Strafe des Stranges belegt werden solle. Die Preußen aber, von denen viele ihren Unterhalt hieraus bezogen, besonders die Fischer, denen der Bernstein oft beim Fischen zur Hand kam, kehrten sich nicht daran. Da ließ der Vogt jeden, der beim Sammeln ergriffen wurde, an dem nächsten Baume aufknüpfen, sodass viele jämmerlich ums Leben kamen. Um dieser Tat willen hatte aber Anselmus im Grabe keine Ruhe. Noch mehrere Jahrhunderte hernach sah man seinen Geist zu Zeiten am Strande umherwandeln und hörte ihn rufen: „O um Gott, Börnstein frei! Börnstein frei!"

(nach: Karl Plenzat, Sage und Sitte im Deutschherrenland, Breslau 1926, S. 24)

Bernstein in der Archäologie unter besonderer Berücksichtigung Ostpreußens

Johanna Nolte

Ähnlich wie Gold zählt Bernstein zu den Materialien, die schon in der Frühzeit eine besondere Anziehung auf den Menschen ausgeübt haben. Im Gegensatz zu Knochen, Stein, Holz und Metall dient Bernstein in erster Linie nicht dem praktischen Gebrauch. Ob die ursprüngliche Funktion von Bernstein in der eines Amuletts lag, ist schwer nachzuweisen. Auch die Formgebung und Verzierung eines Objekts kann eine besondere Wirkung hervorgerufen haben.

Aus den Funden der Alt- und Mittelsteinzeit sind Tierdarstellungen bekannt. Mit Ornamentierungen in Form von Ritzlinien und Punkten wurden zahlreiche Figuren in Deutschland, Skandinavien, Polen und in den baltischen Ländern gefunden. Sie stellen Eber, Pferde, Schweine, Elche und Bären dar. Besonders eindrucksvoll sind die anthropomorphen Darstellungen. Hierbei sind vor allem die beim ostpreußischen Schwarzort (heute Juodkrante, Litauen) gefundenen Figuren zu nennen. Aufgrund der stilisierten Gesichtszüge und angedeuteten Beine sowie Arme beim Vergleich mit ähnlich geformten Objekten wird jedoch eine zeitliche Einordnung in die Jungsteinzeit (etwa 5000–1800 v. Chr.) angenommen. Gedeutet werden die Figuren als Ahnenbilder, geisterbeschwörende Amulette, Darstellungen von Geistern und Göttern, Spielzeug oder als Schmuckstück.

Letztere Deutung kann für die zahlreichen Bernsteinfunde dieser Zeit gelten. Typische Formen im Baltikum sind röhren- und doppelaxt-, große runde linsen- und scheibenförmige sowie ring-, kugel- und axtförmige Perlen, so genannte Knöpfe mit V-förmiger Bohrung und unverzierte Anhänger. Auf den Stücken sind oftmals Verzierungen zu erkennen wie Einkerbungen am Rand oder die Grübchenverzierung, die aus drei bis vier Punktreihen gebildet wird. Die Trageweise der Bernsteinartefakte und die Fundvergesellschaftung mit weiteren Objekten zeigen nicht nur im Neolithikum, sondern auch in den folgenden Zeitabschnitten eindeutige Gemeinsamkeiten. Die meisten Bernsteinfunde sind gemeinsam mit Tierzähnen und -knochen sowie

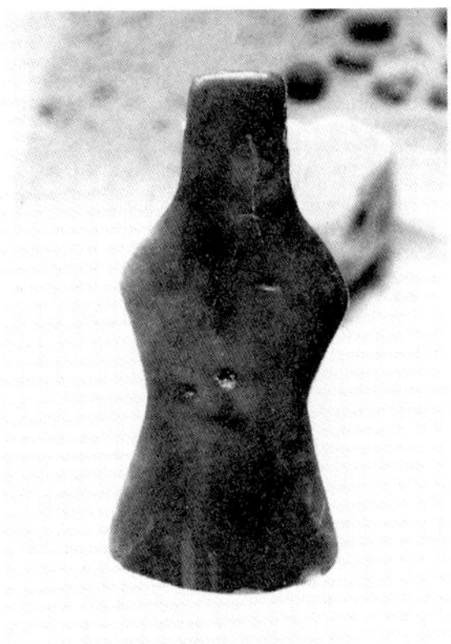

Bernsteinanhänger aus Ostpreußen, links: Fundort unbekannt, rechts: Fundort Krucklinnen, Jungsteinzeit

organischen Bestandteilen zu Ketten zusammengefügt worden. Sie lagen in Gräbern entweder beim Schädel oder auf der Brust. Vielleicht ist der Bernstein an einem Kopfband oder als Anhänger an der Kleidung befestigt gewesen. Es ist auch anzunehmen, dass über die Brust von Schulter zu Schulter ein aus mehreren Reihen bestehendes Gehänge getragen wurde. Ausnahmen stellen große jungsteinzeitliche Bernsteinringe und -scheiben dar, die am Gürtel befestigt waren oder zum Bedecken der Augen benutzt wurden. Abgesehen von Gräbern, in welchen die meisten Bernsteinstücke zum Vorschein kamen, sind diese ebenso aus Siedlungs-, Hort- und Moorfunden bekannt. Obwohl schon in der Mittelsteinzeit ein Handel mit Bernstein anzunehmen ist, wird dieser erst in der Jungsteinzeit greifbar. Im Austausch für das Harz erhielt man Salz, Feuerstein und Kupfergegenstände.

Bronzezeit

Nicht zu allen Zeiten wurde viel Bernstein verwendet. Vom Anfang der Bronzezeit (etwa 1800–750 v. Chr.) beispielsweise sind nur wenige Bernsteinfunde aus Ostpreußen bekannt. Erst in der jüngeren Bronze- und frühen Eisenzeit gewinnt der Bernstein als Schmuckgegenstand wieder an Bedeutung. Die Erklärung für das Fehlen bzw. für die geringe Verwendung des Bernsteins bis zur jüngeren Bronzezeit könnte durch die Sitte der Leichenverbrennung gegeben werden. Da jedoch Glasperlen unter anderem an Gesichtsurnen gefunden wurden, muss der Schmuck nicht grundsätzlich Opfer der Flammen geworden sein. Neben

Bernsteinanhänger aus Ostpreußen, Jungsteinzeit

Sog. Doppelknopf aus Bernstein, Ostpreußen, Jungsteinzeit

Menschenähnliche Figur, Fundort Neidenburg/Ostpreußen, Jungsteinzeit

der beigabenlosen Bestattung liegt eine wesentliche Ursache vermutlich im Handel. Als Exportartikel bis in die griechische Welt war Bernstein Tauschobjekt für Bronze, Kupfer und Zinn. Es scheint, dass der Handel am Anfang der Bronzezeit wichtiger als die heimische Verwertung zum Schmuckgegenstand war.
In den Schmuckformen der Bronzezeit bestehen einige ältere Formen weiter. Bedingt durch die Verwendung von Metallwerkzeugen ist der bronzezeitliche Schmuck allerdings besser und sorgfältiger gearbeitet. Zum Bernsteinschmuck dieser Zeit gehören doppelkonische, halbkugelige, scheiben-, kugel- und röhrenförmige Perlen (mit V-Bohrung), viereckige abgerundete Anhänger mit einer gewölbten Oberfläche, unregelmäßig rechteckige sowie trapezförmige mit gekerbten Rändern, aber auch einfache unverzierte sowie mit scharfer Profilierung gearbeitete Anhänger, so genannte Doppelknöpfe und schließlich Ringe mit einer durchbohrten seitlichen Ausbuchtung.

Eisenzeit

In der späten Hallstattzeit und frühen Latènezeit Mitteleuropas wird das Material unter anderem über die großen Handelsplätze Hallstatt und Hallein in den Süden Europas transportiert. Zahlreiche, aufwendig gestaltete Bernsteinfunde, Glas- und Korallen- und Gagatobjekte sowie etruskische und griechische Metallwaren in großen Grabhügeln und Oppida (beispielsweise Reinheim und Heuneburg) zeigen die durch die Handelsbeziehungen entstandenen neuen Machtzentren Mitteleuropas.

Ab dem 5. Jh. v. Chr. verliert der Bernstein fast jede Bedeutung. Die große wirtschaftliche Nachfrage zeigt sich erst wieder in den ersten zwei Jahrhunderten n. Chr., als der Bernstein als Austausch- und Handelsobjekt mit den nördlichen Provinzen des Römischen Reiches diente. Deutlich wird dies auch an den so genannten Bernsteinstraßen. Hierbei handelt es sich um Verbindungswege, auf denen Güter unterschiedlichster Art transportiert wurden.
Während der Römischen Kaiserzeit wurde der Bernstein im baltischen Gebiet sowohl per Hand, aber auch auf der Drehbank zu unterschiedlichen Schmuckformen verarbeitet. Beide Herstellungsarten treten bei den scheiben- und tonnenförmigen, doppelkonischen, halbkugeligen, kegelförmigen und zylindrischen Bernsteinperlen auf. Des Weiteren sind handgemachte unsymmetrische bzw. unregelmäßig vielseitige, längliche und gerippte Perlen sowie die selten vorkommenden kugel- und ringförmigen gedrehten Perlen zu nennen. Eine andersartige Form bilden die gedrehten profilierten Perlen, die durch tief eingeritzte, umlaufende Rillen auf der Oberfläche gekennzeichnet sind. Daneben sind handgemachte, teilweise mit konzentrischen Kreisen verzierte trapez-, axt-, kapsel-, birnen- und pfeilförmige sowie dreieckige Bernsteinanhänger, unsymmetrische große Perlen und Anhänger bekannt. Die gedrehten Anhänger können eimer-, vasenförmige und längliche profilierte Formen zeigen. Charakteristisch für die Römische Kaiserzeit sind die in Form einer „8" gearbeiteten, so genannten achterförmigen Objekte.
Die Bernsteinperlen sind in der Römischen Kaiserzeit ein wesentlicher Bestandteil der Tracht. Einige Typen bestehen bis zur frühen Völker-

wanderungszeit nur in kürzeren oder längeren Zeitabschnitten ohne deutliche Unterbrechungen fort, andere treten während der gesamten Römischen Kaiserzeit auf. Die Bernsteinperlen wurden zusammen mit vielfältigen Einzelgliedern zu verschieden langen Ketten zusammengefügt. Zu diesen Ketten gehören Rohbernsteinstücke, Perlen aus Glas, Email, Bronze, Silber, Stein, Holz, Knochen und Ton, bronzene Objekte sowie vielleicht organische Bestandteile wie Beeren, Körner und Käfer. Perlen und Anhänger können ebenfalls als Kleiderbesatz (aufgefädelt auf Ringen oder einzeln), zur Ausschmückung der Haare, als Bestandteil einer Kopfbedeckung, als Verzierung eines Ledergürtels oder von Schuhen gedient haben. Außer der Funktion als Hort- und Opferfunde sowie als Zahlungsmittel ist die übergeordnete Funktion als Amulett möglich.
Die meisten Perlenfunde – nicht nur in der Römischen Kaiserzeit – stammen aus Frauengräbern. Einzel- und Streufunde aus Siedlungen und zerstörten Gräberfeldern sowie in Pferdegräbern vorkommende Bernstein- und Steinperlen komplettieren das Auftreten. Funde in Männergräbern zeigen meist wenige, aber dafür größere Bernsteinobjekte. Der Bernstein kommt bei alten und jungen Menschen vor.

Völkerwanderungszeit und Mittelalter

In der Völkerwanderungszeit sind neben den aus der Römischen Kaiserzeit bekannten und teilweise weiterverwendeten Perlen- und Anhängertypen auch Gewandspangen und Becher mit Bernsteineinlagen ge-

Menschenähnliche Figuren aus Bernstein, Fundort Schwarzort

bräuchlich. Zu dieser Zeit findet auch ein Rückgang des Bernsteinhandels und allgemeinen Interesses an diesem Material statt. Eine erneute Blütezeit der Bernsteinverarbeitung ist erst wieder im 10. Jahrhundert zu verzeichnen, als der Bernstein in den Handelszentren wie Danzig, Kolberg, Stettin und Wollin zu einem Grundpfeiler der Wirtschaft wurde. Verwendung fand der gehandelte Bernstein vor allem für Perlen und kleine Anhänger, die häufig in Männer-, in noch größerer Menge aber in Frauengräbern zu beobachten sind.
Folgende Bernsteinperlentypen sind zu nennen: kugel- und rechteckförmige mit dünner zylindrischer Durchbohrung, rechteckig-facettierte, kugelig-doppelkonische mit breiter Mittelkante sowie kegel- und scheibenförmige. Dazu finden sich Ringe, die kreisrund, dreieckförmig oder auch vieleckig gearbeitet sein können. Neben kammförmigen Bernsteinanhängern, die am Gürtel der Männer hingen, sind weitere aus Danzig bekannt, die geometrische Figuren wie beispielsweise kleine Kreuze darstellen. Auch Würfel und allgemein Spielfiguren wurden im Frühmittelalter hergestellt. Seit dieser Zeit erscheinen ferner Spinnwirtel aus Bernstein mit eingedrehten, teilweise tiefen Rillen.

Für die Archäologie stellt das Material Bernstein ein vielschichtiges Objekt dar. Es liefert wichtige Aussagen zur Wirtschafts-, Kultur- und Sozialgeschichte der vergangenen Zeitabschnitte. Ein vollständiges Bild des Materials Bernstein kann aber auch schon aufgrund seiner geringen Witterungsbeständigkeit nicht dargelegt werden. Die vielen aus verschiedenen Fundzusammenhängen erhaltenen archäologischen Bernsteinfunde deuten jedoch auf eine bedeutende Rolle des Harzes.

Literaturverzeichnis

Da die Literatur über Bernstein bis in die Antike zurückreicht, ist sie so zahlreich, dass eine vollständige Auflistung unmöglich wäre. Nachfolgend stehen nur einige der neueren wichtigsten, umfassenderen Titel, die zumeist wiederum reiche Schriftenverzeichnisse enthalten.

Andrée, Karl: Der Bernstein und seine Bedeutung in Natur- und Geisteswissenschaften, Kunst und Kunstgewerbe, Technik, Industrie und Handel. Königsberg 1937

ders.: Der Bernstein. Das Bernsteinland und sein Leben. Stuttgart 1951 (= Kosmos Bd. 192)

Barfod, Jörn, F. Jacobs und S. Ritzkowski: Bernsteinschätze in Niedersachsen. Seelze 1989

Bismarck, Rule von: Bernstein – Das Gold des Nordens. Neumünster 1972

Erichson, Ulf (Hrg.), und L. Tomczyk: Die Staatliche Bernstein-Manufaktur Königsberg 1926–1945. Ribnitz-Damgarten 1998

ders. (Hrg.) und W. Weitschat: Die Eidechse im Bernstein. Beiträge zum Inklusenbestand des Deutschen Bernsteinmuseums. Ribnitz-Damgarten 2000

Grabowska, Janina: Polnischer Bernstein, Warschau 1982

Grzonkowski, Jens: Bernstein. Hamburg 1996

Klebs, Richard: Der Bernsteinschmuck der Steinzeit von der Baggerei bei Schwarzort. Königsberg 1882

Kunstverlag Alfa-Colour, St. Petersburg, S. 62

Nolte, Johanna: Die ehem. Königsberger Bernsteinsammlung in der Universität Göttingen. Archäologisches Fundmaterial. Magisterarbeit Göttingen, 2002

dies.: Die ehem. Bernsteinsammlung der Universität Königsberg, in: Arbeits- u. Forschungsberichte zur sächsischen Bodendenkmalpflege, 46, 2004, S. 63–113

Reineking von Bock, Gisela: Bernstein. Das Gold der Ostsee. München 1981

Rohde, Alfred: Bernstein, ein deutscher Werkstoff. Berlin 1937

ders.: Bernstein in Natur- und Kulturgeschichte. München 1980
ders.: Das Bernstein-Kabinett. Stuttgart 1990
Slotta, Rainer und M. Ganzelewski (Hrg.): Bernstein – Tränen der Götter (Ausstellungskatalog Deutsches Bergbaumuseum Bochum), Bochum 1996
Weitschat, Wolfgang: Leben im Bernstein. (Ausstellungskatalogheft Naturwissenschaftliches Museum Osnabrück), Osnabrück 1978
ders. und W. Wichard: Atlas der Pflanzen und Tiere im baltischen Bernstein. München 1998

Abbildungsnachweis

Bernstein-Museum Ribnitz-Damgarten: S. 75 (links)
Geowissenschaftliches Zentrum der Universität Göttingen (ehem. Bernsteinsammlung der Universität Königsberg): S. 10, 84, 86, 87, 91
Historisches Museum Klaipeda/Memel: S. 51
Günter Pump, Nordhastedt: S. 2, 6
Staatliche Schloss- und Museumsanlage „Zarskoje Selo", St. Petersburg, Alexander Minin: 62
Ostpreußisches Landesmuseum, Lüneburg: S. 9, 11, 13, 18, 19, 22, 23, 26, 27, 30, 31, 34, 35, 38, 39, 42, 43, 46, 47, 56, 58, 63, 65, 66, 67, 71 (Leihgabe der TUI), 75 (rechts), 75 (Leihgabe der TUI), 81
Privatbesitz: S. 57
TUI Hannover: S. 70
Uppsala, Sammlung der Universitätsgesellschaft: S. 54, 55,

Heinz Graesch,

Bernsteinschmuck

Schöne Dinge selbst gemacht

78 Seiten, mit zahlreichen Farbbildern und Zeichnungen, gebunden
(ISBN 3-88042-679-1)

Das „Gold der Meere" ist ein faszinierendes Material, aus dem auch der Laie die schönsten Schachfiguren, Knöpfe und Anhänger, in Silber gefasste Broschen, Ringe oder Brieföffner herstellen kann. Und das sind nur einige der 32 Schmuck- und Gebrauchsgegenstände, die mit genauen Farbbildern, bestechenden Arbeitsanleitungen und maßstäblichen Zeichnungen vorgestellt werden und zum Selbermachen einladen.

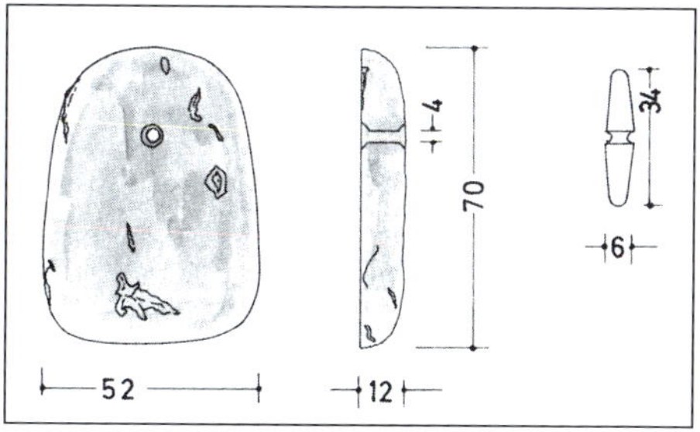

Bernsteinmuseen, Sammlungen und Schleifereien

Bernstein Huus, Herdestr. 14, **26427 Esens**, www.nordsee-esense-bensersiel.de/museen/bernstein.htm (Bernsteinschleiferei und -Ausstellung)

Bernstein-Kunsthandwerk, Bernd Stegemann, Bornweg 4, **25875 Schobüll**

Bernsteinmuseum, Granitzer Straße 43, **18586 Ostseebad Sellin,** www.bernsteinmuseum-sellin.de (größter Bernstein Rügens)

Bernstein Museum, Heilig-Geist-Straße 2, **94072 Bad Füssing**, www.bernsteinmuseum.com

Bernstein-Museum Atelier-Rurup-Mühle H.W. Sandeck, 24392 Ruruplund bei **Süderbrarup**

Bernsteinsammlung Andreas Bogense, An der B 5, **25842 Langenhorn**

Deutsches Bernsteinmuseum Ribnitz-Damgarten, Museumsverein Deutsches Bernsteinmuseum, Im Kloster 1–2, **18311 Ribnitz-Damgarten,** www.german-amber-museum.de (bedeutendste Bernsteinsammlung in Deutschland; Schauwerkstatt)

Geowissenschaftliches Zentrum der Universität Göttingen

Kreismuseum Bitterfeld, Kirchplatz 3, **06749 Bitterfeld**, www.museumbitterfeld.kulturserver.de (Ausstellung zum Bernsteinabbau)

Natureum Niederelbe, Naturkundemuseum und ökologische Station, Ostemündung, **21730 Balje**, www.natureum-niederelbe.de (Schnitzereien und Inklusen)

Nordsee Bernsteinmuseum Boy Jöns, Dorfstraße 15, **25826 St. Peter-Ording**, www.bernsteinmuseum.de (Museum, Werkstatt, Schleifkurse)

Ostpreußisches Landesmuseum mit Bernsteinsammlung, Ritterstraße 10, **21335 Lüneburg**, www.ostpreussisches-landesmuseum.de

Staatliches Museum für Naturkunde, am Löwentor, Rosenstein, Gewann 1, **70191 Stuttgart**, www.naturkundemuseum-bw.de (Sammlung mit dominikanischem Bernstein)